PROJECT:

MEASURED BY:

MW01240443

TIM	DIM	SQ	DESCRIPTION	TIM	DIM	SQ	DESCRIPTION

PROJECT: | **PAGE:**

MEASURED BY: | **DATE:**

TIM	DIM	SQ	DESCRIPTION	TIM	DIM	SQ	DESCRIPTION

PROJECT:	PAGE:
MEASURED BY:	DATE:

TIM	DIM	SQ	DESCRIPTION	TIM	DIM	SQ	DESCRIPTION

PROJECT:	PAGE:
MEASURED BY:	DATE:

TIM	DIM	SQ	DESCRIPTION	TIM	DIM	SQ	DESCRIPTION

PROJECT:	PAGE:
MEASURED BY:	DATE:

TIM	DIM	SQ	DESCRIPTION	TIM	DIM	SQ	DESCRIPTION

PROJECT:	PAGE:
MEASURED BY:	DATE:

TIM	DIM	SQ	DESCRIPTION	TIM	DIM	SQ	DESCRIPTION

PROJECT: | PAGE:
MEASURED BY: | DATE:

TIM	DIM	SQ	DESCRIPTION	TIM	DIM	SQ	DESCRIPTION

PROJECT:	PAGE:
MEASURED BY:	DATE:

TIM	DIM	SQ	DESCRIPTION	TIM	DIM	SQ	DESCRIPTION

PROJECT: | **PAGE:**

MEASURED BY: | **DATE:**

TIM	DIM	SQ	DESCRIPTION	TIM	DIM	SQ	DESCRIPTION

PROJECT:	PAGE:
MEASURED BY:	DATE:

TIM	DIM	SQ	DESCRIPTION	TIM	DIM	SQ	DESCRIPTION

PROJECT:	PAGE:
MEASURED BY:	DATE:

TIM	DIM	SQ	DESCRIPTION	TIM	DIM	SQ	DESCRIPTION

PROJECT:	PAGE:
MEASURED BY:	DATE:

TIM	DIM	SQ	DESCRIPTION	TIM	DIM	SQ	DESCRIPTION

PROJECT: | **PAGE:**

MEASURED BY: | **DATE:**

TIM	DIM	SQ	DESCRIPTION	TIM	DIM	SQ	DESCRIPTION

PROJECT:	PAGE:
MEASURED BY:	DATE:

TIM	DIM	SQ	DESCRIPTION	TIM	DIM	SQ	DESCRIPTION

PROJECT:	PAGE:
MEASURED BY:	DATE:

TIM	DIM	SQ	DESCRIPTION	TIM	DIM	SQ	DESCRIPTION

PROJECT:	PAGE:
MEASURED BY:	DATE:

TIM	DIM	SQ	DESCRIPTION	TIM	DIM	SQ	DESCRIPTION

PROJECT:

PAGE:

MEASURED BY:

DATE:

TIM	DIM	SQ	DESCRIPTION	TIM	DIM	SQ	DESCRIPTION

PROJECT:	PAGE:
MEASURED BY:	DATE:

TIM	DIM	SQ	DESCRIPTION	TIM	DIM	SQ	DESCRIPTION

PROJECT:	**PAGE:**
MEASURED BY:	**DATE:**

TIM	DIM	SQ	DESCRIPTION	TIM	DIM	SQ	DESCRIPTION

PROJECT:	PAGE:
MEASURED BY:	DATE:

TIM	DIM	SQ	DESCRIPTION	TIM	DIM	SQ	DESCRIPTION

PROJECT: **PAGE:**

MEASURED BY: **DATE:**

TIM	DIM	SQ	DESCRIPTION	TIM	DIM	SQ	DESCRIPTION

PROJECT:	PAGE:
MEASURED BY:	DATE:

TIM	DIM	SQ	DESCRIPTION	TIM	DIM	SQ	DESCRIPTION

PROJECT:	PAGE:
MEASURED BY:	DATE:

TIM	DIM	SQ	DESCRIPTION	TIM	DIM	SQ	DESCRIPTION

PROJECT:	PAGE:
MEASURED BY:	DATE:

TIM	DIM	SQ	DESCRIPTION	TIM	DIM	SQ	DESCRIPTION

PROJECT:	PAGE:
MEASURED BY:	DATE:

TIM	DIM	SQ	DESCRIPTION	TIM	DIM	SQ	DESCRIPTION

PROJECT:	PAGE:
MEASURED BY:	DATE:

TIM	DIM	SQ	DESCRIPTION	TIM	DIM	SQ	DESCRIPTION

PROJECT: | **PAGE:**

MEASURED BY: | **DATE:**

TIM	DIM	SQ	DESCRIPTION	TIM	DIM	SQ	DESCRIPTION

PROJECT:	PAGE:
MEASURED BY:	DATE:

TIM	DIM	SQ	DESCRIPTION	TIM	DIM	SQ	DESCRIPTION

PROJECT:	PAGE:
MEASURED BY:	DATE:

TIM	DIM	SQ	DESCRIPTION	TIM	DIM	SQ	DESCRIPTION

PROJECT:	PAGE:
MEASURED BY:	DATE:

TIM	DIM	SQ	DESCRIPTION	TIM	DIM	SQ	DESCRIPTION

PROJECT:	PAGE:
MEASURED BY:	DATE:

TIM	DIM	SQ	DESCRIPTION	TIM	DIM	SQ	DESCRIPTION

PROJECT:	PAGE:
MEASURED BY:	DATE:

TIM	DIM	SQ	DESCRIPTION	TIM	DIM	SQ	DESCRIPTION

PROJECT:	PAGE:
MEASURED BY:	DATE:

TIM	DIM	SQ	DESCRIPTION	TIM	DIM	SQ	DESCRIPTION

PROJECT:	**PAGE:**
MEASURED BY:	**DATE:**

TIM	DIM	SQ	DESCRIPTION	TIM	DIM	SQ	DESCRIPTION

PROJECT:	PAGE:
MEASURED BY:	DATE:

TIM	DIM	SQ	DESCRIPTION	TIM	DIM	SQ	DESCRIPTION

PROJECT:	PAGE:
MEASURED BY:	DATE:

TIM	DIM	SQ	DESCRIPTION	TIM	DIM	SQ	DESCRIPTION

PROJECT:	PAGE:
MEASURED BY:	DATE:

TIM	DIM	SQ	DESCRIPTION	TIM	DIM	SQ	DESCRIPTION

PROJECT:	PAGE:
MEASURED BY:	DATE:

TIM	DIM	SQ	DESCRIPTION	TIM	DIM	SQ	DESCRIPTION

PROJECT:	PAGE:
MEASURED BY:	DATE:

TIM	DIM	SQ	DESCRIPTION	TIM	DIM	SQ	DESCRIPTION

PROJECT:	PAGE:
MEASURED BY:	DATE:

TIM	DIM	SQ	DESCRIPTION	TIM	DIM	SQ	DESCRIPTION

PROJECT:	PAGE:
MEASURED BY:	DATE:

TIM	DIM	SQ	DESCRIPTION	TIM	DIM	SQ	DESCRIPTION

PROJECT:	PAGE:
MEASURED BY:	DATE:

TIM	DIM	SQ	DESCRIPTION	TIM	DIM	SQ	DESCRIPTION

PROJECT:	PAGE:
MEASURED BY:	DATE:

TIM	DIM	SQ	DESCRIPTION	TIM	DIM	SQ	DESCRIPTION

PROJECT:	PAGE:
MEASURED BY:	DATE:

TIM	DIM	SQ	DESCRIPTION	TIM	DIM	SQ	DESCRIPTION

PROJECT:	**PAGE:**
MEASURED BY:	**DATE:**

TIM	DIM	SQ	DESCRIPTION	TIM	DIM	SQ	DESCRIPTION

PROJECT:	PAGE:
MEASURED BY:	DATE:

TIM	DIM	SQ	DESCRIPTION	TIM	DIM	SQ	DESCRIPTION

PROJECT:	PAGE:
MEASURED BY:	DATE:

TIM	DIM	SQ	DESCRIPTION	TIM	DIM	SQ	DESCRIPTION

PROJECT:	**PAGE:**
MEASURED BY:	**DATE:**

TIM	DIM	SQ	DESCRIPTION	TIM	DIM	SQ	DESCRIPTION

PROJECT:	PAGE:
MEASURED BY:	DATE:

TIM	DIM	SQ	DESCRIPTION	TIM	DIM	SQ	DESCRIPTION

PROJECT:	PAGE:
MEASURED BY:	DATE:

TIM	DIM	SQ	DESCRIPTION	TIM	DIM	SQ	DESCRIPTION

PROJECT:	PAGE:
MEASURED BY:	DATE:

TIM	DIM	SQ	DESCRIPTION	TIM	DIM	SQ	DESCRIPTION

PROJECT:	PAGE:
MEASURED BY:	DATE:

TIM	DIM	SQ	DESCRIPTION	TIM	DIM	SQ	DESCRIPTION

PROJECT:	PAGE:
MEASURED BY:	DATE:

TIM	DIM	SQ	DESCRIPTION	TIM	DIM	SQ	DESCRIPTION

PROJECT:	PAGE:
MEASURED BY:	DATE:

TIM	DIM	SQ	DESCRIPTION	TIM	DIM	SQ	DESCRIPTION

PROJECT:	PAGE:
MEASURED BY:	DATE:

TIM	DIM	SQ	DESCRIPTION	TIM	DIM	SQ	DESCRIPTION

PROJECT:	PAGE:
MEASURED BY:	DATE:

TIM	DIM	SQ	DESCRIPTION	TIM	DIM	SQ	DESCRIPTION

PROJECT:	PAGE:
MEASURED BY:	DATE:

TIM	DIM	SQ	DESCRIPTION	TIM	DIM	SQ	DESCRIPTION

PROJECT:	PAGE:
MEASURED BY:	DATE:

TIM	DIM	SQ	DESCRIPTION	TIM	DIM	SQ	DESCRIPTION

PROJECT:	PAGE:
MEASURED BY:	DATE:

TIM	DIM	SQ	DESCRIPTION	TIM	DIM	SQ	DESCRIPTION

PROJECT:	PAGE:
MEASURED BY:	DATE:

TIM	DIM	SQ	DESCRIPTION	TIM	DIM	SQ	DESCRIPTION

PROJECT:	PAGE:
MEASURED BY:	DATE:

TIM	DIM	SQ	DESCRIPTION	TIM	DIM	SQ	DESCRIPTION

PROJECT:	PAGE:
MEASURED BY:	DATE:

TIM	DIM	SQ	DESCRIPTION	TIM	DIM	SQ	DESCRIPTION

PROJECT:	PAGE:
MEASURED BY:	DATE:

TIM	DIM	SQ	DESCRIPTION	TIM	DIM	SQ	DESCRIPTION

PROJECT:	PAGE:
MEASURED BY:	DATE:

TIM	DIM	SQ	DESCRIPTION	TIM	DIM	SQ	DESCRIPTION

PROJECT: | **PAGE:**

MEASURED BY: | **DATE:**

TIM	DIM	SQ	DESCRIPTION	TIM	DIM	SQ	DESCRIPTION

PROJECT:	PAGE:
MEASURED BY:	DATE:

TIM	DIM	SQ	DESCRIPTION	TIM	DIM	SQ	DESCRIPTION

PROJECT:	PAGE:
MEASURED BY:	DATE:

TIM	DIM	SQ	DESCRIPTION	TIM	DIM	SQ	DESCRIPTION

PROJECT:	**PAGE:**
MEASURED BY:	**DATE:**

TIM	DIM	SQ	DESCRIPTION	TIM	DIM	SQ	DESCRIPTION

PROJECT:	PAGE:
MEASURED BY:	DATE:

TIM	DIM	SQ	DESCRIPTION	TIM	DIM	SQ	DESCRIPTION

PROJECT:	PAGE:
MEASURED BY:	DATE:

TIM	DIM	SQ	DESCRIPTION	TIM	DIM	SQ	DESCRIPTION

PROJECT:	PAGE:
MEASURED BY:	DATE:

TIM	DIM	SQ	DESCRIPTION	TIM	DIM	SQ	DESCRIPTION

PROJECT:	PAGE:
MEASURED BY:	DATE:

TIM	DIM	SQ	DESCRIPTION	TIM	DIM	SQ	DESCRIPTION

PROJECT:	PAGE:
MEASURED BY:	DATE:

TIM	DIM	SQ	DESCRIPTION	TIM	DIM	SQ	DESCRIPTION

PROJECT:	PAGE:
MEASURED BY:	DATE:

TIM	DIM	SQ	DESCRIPTION	TIM	DIM	SQ	DESCRIPTION

PROJECT:	PAGE:
MEASURED BY:	DATE:

TIM	DIM	SQ	DESCRIPTION	TIM	DIM	SQ	DESCRIPTION

PROJECT:	PAGE:
MEASURED BY:	DATE:

TIM	DIM	SQ	DESCRIPTION	TIM	DIM	SQ	DESCRIPTION

PROJECT:

PAGE:

MEASURED BY:

DATE:

TIM	DIM	SQ	DESCRIPTION	TIM	DIM	SQ	DESCRIPTION

PROJECT:	PAGE:
MEASURED BY:	DATE:

TIM	DIM	SQ	DESCRIPTION	TIM	DIM	SQ	DESCRIPTION

PROJECT:	PAGE:
MEASURED BY:	DATE:

TIM	DIM	SQ	DESCRIPTION	TIM	DIM	SQ	DESCRIPTION

PROJECT:	PAGE:
MEASURED BY:	DATE:

TIM	DIM	SQ	DESCRIPTION	TIM	DIM	SQ	DESCRIPTION

PROJECT:	PAGE:
MEASURED BY:	DATE:

TIM	DIM	SQ	DESCRIPTION	TIM	DIM	SQ	DESCRIPTION

PROJECT:	PAGE:
MEASURED BY:	DATE:

TIM	DIM	SQ	DESCRIPTION	TIM	DIM	SQ	DESCRIPTION

PROJECT:	**PAGE:**
MEASURED BY:	**DATE:**

TIM	DIM	SQ	DESCRIPTION	TIM	DIM	SQ	DESCRIPTION

PROJECT:	PAGE:
MEASURED BY:	DATE:

TIM	DIM	SQ	DESCRIPTION	TIM	DIM	SQ	DESCRIPTION

PROJECT:	PAGE:
MEASURED BY:	DATE:

TIM	DIM	SQ	DESCRIPTION	TIM	DIM	SQ	DESCRIPTION

PROJECT:	PAGE:
MEASURED BY:	DATE:

TIM	DIM	SQ	DESCRIPTION	TIM	DIM	SQ	DESCRIPTION

PROJECT:	PAGE:
MEASURED BY:	DATE:

TIM	DIM	SQ	DESCRIPTION	TIM	DIM	SQ	DESCRIPTION

PROJECT:	PAGE:
MEASURED BY:	DATE:

TIM	DIM	SQ	DESCRIPTION	TIM	DIM	SQ	DESCRIPTION

PROJECT:	PAGE:
MEASURED BY:	DATE:

TIM	DIM	SQ	DESCRIPTION	TIM	DIM	SQ	DESCRIPTION

PROJECT:	PAGE:
MEASURED BY:	DATE:

TIM	DIM	SQ	DESCRIPTION	TIM	DIM	SQ	DESCRIPTION

PROJECT:	PAGE:
MEASURED BY:	DATE:

TIM	DIM	SQ	DESCRIPTION	TIM	DIM	SQ	DESCRIPTION

PROJECT:	PAGE:
MEASURED BY:	DATE:

TIM	DIM	SQ	DESCRIPTION	TIM	DIM	SQ	DESCRIPTION

PROJECT:	PAGE:
MEASURED BY:	DATE:

TIM	DIM	SQ	DESCRIPTION	TIM	DIM	SQ	DESCRIPTION

PROJECT:	PAGE:
MEASURED BY:	DATE:

TIM	DIM	SQ	DESCRIPTION	TIM	DIM	SQ	DESCRIPTION

PROJECT:	PAGE:
MEASURED BY:	DATE:

TIM	DIM	SQ	DESCRIPTION	TIM	DIM	SQ	DESCRIPTION

PROJECT:	PAGE:
MEASURED BY:	DATE:

TIM	DIM	SQ	DESCRIPTION	TIM	DIM	SQ	DESCRIPTION

PROJECT:	PAGE:
MEASURED BY:	DATE:

TIM	DIM	SQ	DESCRIPTION	TIM	DIM	SQ	DESCRIPTION

PROJECT:	PAGE:
MEASURED BY:	DATE:

TIM	DIM	SQ	DESCRIPTION	TIM	DIM	SQ	DESCRIPTION

PROJECT:	PAGE:
MEASURED BY:	DATE:

TIM	DIM	SQ	DESCRIPTION	TIM	DIM	SQ	DESCRIPTION

PROJECT:	PAGE:
MEASURED BY:	DATE:

TIM	DIM	SQ	DESCRIPTION	TIM	DIM	SQ	DESCRIPTION

PROJECT:	PAGE:
MEASURED BY:	DATE:

TIM	DIM	SQ	DESCRIPTION	TIM	DIM	SQ	DESCRIPTION

PROJECT:	PAGE:
MEASURED BY:	DATE:

TIM	DIM	SQ	DESCRIPTION	TIM	DIM	SQ	DESCRIPTION

PROJECT:	**PAGE:**
MEASURED BY:	**DATE:**

TIM	DIM	SQ	DESCRIPTION	TIM	DIM	SQ	DESCRIPTION

PROJECT:	**PAGE:**
MEASURED BY:	**DATE:**

TIM	DIM	SQ	DESCRIPTION	TIM	DIM	SQ	DESCRIPTION

PROJECT:	PAGE:
MEASURED BY:	DATE:

TIM	DIM	SQ	DESCRIPTION	TIM	DIM	SQ	DESCRIPTION

PROJECT:	PAGE:
MEASURED BY:	DATE:

TIM	DIM	SQ	DESCRIPTION	TIM	DIM	SQ	DESCRIPTION

PROJECT:	PAGE:
MEASURED BY:	DATE:

TIM	DIM	SQ	DESCRIPTION	TIM	DIM	SQ	DESCRIPTION

PROJECT:	PAGE:
MEASURED BY:	DATE:

TIM	DIM	SQ	DESCRIPTION	TIM	DIM	SQ	DESCRIPTION

PROJECT: **PAGE:**

MEASURED BY: **DATE:**

TIM	DIM	SQ	DESCRIPTION	TIM	DIM	SQ	DESCRIPTION

PROJECT:	PAGE:
MEASURED BY:	DATE:

TIM	DIM	SQ	DESCRIPTION	TIM	DIM	SQ	DESCRIPTION

PROJECT:	PAGE:
MEASURED BY:	DATE:

TIM	DIM	SQ	DESCRIPTION	TIM	DIM	SQ	DESCRIPTION

PROJECT:	**PAGE:**
MEASURED BY:	**DATE:**

TIM	DIM	SQ	DESCRIPTION	TIM	DIM	SQ	DESCRIPTION

PROJECT:	PAGE:
MEASURED BY:	DATE:

TIM	DIM	SQ	DESCRIPTION	TIM	DIM	SQ	DESCRIPTION

PROJECT:	PAGE:
MEASURED BY:	DATE:

TIM	DIM	SQ	DESCRIPTION	TIM	DIM	SQ	DESCRIPTION

PROJECT:	PAGE:
MEASURED BY:	DATE:

TIM	DIM	SQ	DESCRIPTION	TIM	DIM	SQ	DESCRIPTION

PROJECT:	PAGE:
MEASURED BY:	DATE:

TIM	DIM	SQ	DESCRIPTION	TIM	DIM	SQ	DESCRIPTION

PROJECT:	PAGE:
MEASURED BY:	DATE:

TIM	DIM	SQ	DESCRIPTION	TIM	DIM	SQ	DESCRIPTION

PROJECT:	PAGE:
MEASURED BY:	DATE:

TIM	DIM	SQ	DESCRIPTION	TIM	DIM	SQ	DESCRIPTION

PROJECT:	PAGE:
MEASURED BY:	DATE:

TIM	DIM	SQ	DESCRIPTION	TIM	DIM	SQ	DESCRIPTION

PROJECT:	PAGE:
MEASURED BY:	DATE:

TIM	DIM	SQ	DESCRIPTION	TIM	DIM	SQ	DESCRIPTION

PROJECT:	PAGE:
MEASURED BY:	DATE:

TIM	DIM	SQ	DESCRIPTION	TIM	DIM	SQ	DESCRIPTION

PROJECT:	PAGE:
MEASURED BY:	DATE:

TIM	DIM	SQ	DESCRIPTION	TIM	DIM	SQ	DESCRIPTION

PROJECT:	PAGE:
MEASURED BY:	DATE:

TIM	DIM	SQ	DESCRIPTION	TIM	DIM	SQ	DESCRIPTION

PROJECT:	PAGE:
MEASURED BY:	DATE:

TIM	DIM	SQ	DESCRIPTION	TIM	DIM	SQ	DESCRIPTION

PROJECT:	PAGE:
MEASURED BY:	DATE:

TIM	DIM	SQ	DESCRIPTION	TIM	DIM	SQ	DESCRIPTION

PROJECT:	PAGE:
MEASURED BY:	DATE:

TIM	DIM	SQ	DESCRIPTION	TIM	DIM	SQ	DESCRIPTION

PROJECT: **PAGE:**

MEASURED BY: **DATE:**

TIM	DIM	SQ	DESCRIPTION	TIM	DIM	SQ	DESCRIPTION

PROJECT:	PAGE:
MEASURED BY:	DATE:

TIM	DIM	SQ	DESCRIPTION	TIM	DIM	SQ	DESCRIPTION

PROJECT:	PAGE:
MEASURED BY:	DATE:

TIM	DIM	SQ	DESCRIPTION	TIM	DIM	SQ	DESCRIPTION

PROJECT:

PAGE:

MEASURED BY:

DATE:

TIM	DIM	SQ	DESCRIPTION	TIM	DIM	SQ	DESCRIPTION

PROJECT:	PAGE:
MEASURED BY:	DATE:

TIM	DIM	SQ	DESCRIPTION	TIM	DIM	SQ	DESCRIPTION

PROJECT:	PAGE:
MEASURED BY:	DATE:

TIM	DIM	SQ	DESCRIPTION	TIM	DIM	SQ	DESCRIPTION

PROJECT:	**PAGE:**
MEASURED BY:	**DATE:**

TIM	DIM	SQ	DESCRIPTION	TIM	DIM	SQ	DESCRIPTION

PROJECT:	PAGE:
MEASURED BY:	DATE:

TIM	DIM	SQ	DESCRIPTION	TIM	DIM	SQ	DESCRIPTION

PROJECT:	**PAGE:**
MEASURED BY:	**DATE:**

TIM	DIM	SQ	DESCRIPTION	TIM	DIM	SQ	DESCRIPTION

PROJECT:	PAGE:
MEASURED BY:	DATE:

TIM	DIM	SQ	DESCRIPTION	TIM	DIM	SQ	DESCRIPTION

PROJECT: **PAGE:**

MEASURED BY: **DATE:**

TIM	DIM	SQ	DESCRIPTION	TIM	DIM	SQ	DESCRIPTION

PROJECT:	PAGE:
MEASURED BY:	DATE:

TIM	DIM	SQ	DESCRIPTION	TIM	DIM	SQ	DESCRIPTION

PROJECT:	PAGE:
MEASURED BY:	DATE:

TIM	DIM	SQ	DESCRIPTION	TIM	DIM	SQ	DESCRIPTION

PROJECT:	PAGE:
MEASURED BY:	DATE:

TIM	DIM	SQ	DESCRIPTION	TIM	DIM	SQ	DESCRIPTION

PROJECT:	**PAGE:**
MEASURED BY:	**DATE:**

TIM	DIM	SQ	DESCRIPTION	TIM	DIM	SQ	DESCRIPTION

PROJECT:	PAGE:
MEASURED BY:	DATE:

TIM	DIM	SQ	DESCRIPTION	TIM	DIM	SQ	DESCRIPTION

PROJECT:	PAGE:
MEASURED BY:	DATE:

TIM	DIM	SQ	DESCRIPTION	TIM	DIM	SQ	DESCRIPTION

PROJECT:	PAGE:
MEASURED BY:	DATE:

TIM	DIM	SQ	DESCRIPTION	TIM	DIM	SQ	DESCRIPTION

PROJECT:	PAGE:
MEASURED BY:	DATE:

TIM	DIM	SQ	DESCRIPTION	TIM	DIM	SQ	DESCRIPTION

PROJECT:	PAGE:
MEASURED BY:	DATE:

TIM	DIM	SQ	DESCRIPTION	TIM	DIM	SQ	DESCRIPTION

PROJECT: | **PAGE:**

MEASURED BY: | **DATE:**

TIM	DIM	SQ	DESCRIPTION	TIM	DIM	SQ	DESCRIPTION

PROJECT:	PAGE:
MEASURED BY:	DATE:

TIM	DIM	SQ	DESCRIPTION	TIM	DIM	SQ	DESCRIPTION

PROJECT:	PAGE:
MEASURED BY:	DATE:

TIM	DIM	SQ	DESCRIPTION	TIM	DIM	SQ	DESCRIPTION

PROJECT: | **PAGE:**

MEASURED BY: | **DATE:**

TIM	DIM	SQ	DESCRIPTION	TIM	DIM	SQ	DESCRIPTION

PROJECT:	PAGE:
MEASURED BY:	DATE:

TIM	DIM	SQ	DESCRIPTION	TIM	DIM	SQ	DESCRIPTION

PROJECT: | **PAGE:**

MEASURED BY: | **DATE:**

TIM	DIM	SQ	DESCRIPTION	TIM	DIM	SQ	DESCRIPTION

PROJECT:	PAGE:
MEASURED BY:	DATE:

TIM	DIM	SQ	DESCRIPTION	TIM	DIM	SQ	DESCRIPTION

PROJECT:	PAGE:
MEASURED BY:	DATE:

TIM	DIM	SQ	DESCRIPTION	TIM	DIM	SQ	DESCRIPTION

PROJECT:	PAGE:
MEASURED BY:	DATE:

TIM	DIM	SQ	DESCRIPTION	TIM	DIM	SQ	DESCRIPTION

PROJECT:

PAGE:

MEASURED BY:

DATE:

TIM	DIM	SQ	DESCRIPTION	TIM	DIM	SQ	DESCRIPTION

PROJECT:	PAGE:
MEASURED BY:	DATE:

TIM	DIM	SQ	DESCRIPTION	TIM	DIM	SQ	DESCRIPTION

PROJECT:	PAGE:
MEASURED BY:	DATE:

TIM	DIM	SQ	DESCRIPTION	TIM	DIM	SQ	DESCRIPTION

PROJECT:	**PAGE:**
MEASURED BY:	**DATE:**

TIM	DIM	SQ	DESCRIPTION	TIM	DIM	SQ	DESCRIPTION

PROJECT:	PAGE:
MEASURED BY:	DATE:

TIM	DIM	SQ	DESCRIPTION	TIM	DIM	SQ	DESCRIPTION

PROJECT:	PAGE:
MEASURED BY:	DATE:

TIM	DIM	SQ	DESCRIPTION	TIM	DIM	SQ	DESCRIPTION

PROJECT:	PAGE:
MEASURED BY:	DATE:

TIM	DIM	SQ	DESCRIPTION	TIM	DIM	SQ	DESCRIPTION

PROJECT:	PAGE:
MEASURED BY:	DATE:

TIM	DIM	SQ	DESCRIPTION	TIM	DIM	SQ	DESCRIPTION

PROJECT:	PAGE:
MEASURED BY:	DATE:

TIM	DIM	SQ	DESCRIPTION	TIM	DIM	SQ	DESCRIPTION

PROJECT: | **PAGE:**

MEASURED BY: | **DATE:**

TIM	DIM	SQ	DESCRIPTION	TIM	DIM	SQ	DESCRIPTION

PROJECT:	PAGE:
MEASURED BY:	DATE:

TIM	DIM	SQ	DESCRIPTION	TIM	DIM	SQ	DESCRIPTION

PROJECT: | **PAGE:**

MEASURED BY: | **DATE:**

TIM	DIM	SQ	DESCRIPTION	TIM	DIM	SQ	DESCRIPTION

PROJECT:	PAGE:
MEASURED BY:	DATE:

TIM	DIM	SQ	DESCRIPTION	TIM	DIM	SQ	DESCRIPTION

PROJECT:	PAGE:
MEASURED BY:	DATE:

TIM	DIM	SQ	DESCRIPTION	TIM	DIM	SQ	DESCRIPTION

PROJECT:	PAGE:
MEASURED BY:	DATE:

TIM	DIM	SQ	DESCRIPTION	TIM	DIM	SQ	DESCRIPTION

PROJECT:	PAGE:
MEASURED BY:	DATE:

TIM	DIM	SQ	DESCRIPTION	TIM	DIM	SQ	DESCRIPTION

PROJECT:	PAGE:
MEASURED BY:	DATE:

TIM	DIM	SQ	DESCRIPTION	TIM	DIM	SQ	DESCRIPTION

PROJECT:	**PAGE:**
MEASURED BY:	**DATE:**

TIM	DIM	SQ	DESCRIPTION	TIM	DIM	SQ	DESCRIPTION

PROJECT:	PAGE:
MEASURED BY:	DATE:

TIM	DIM	SQ	DESCRIPTION	TIM	DIM	SQ	DESCRIPTION

PROJECT:	PAGE:
MEASURED BY:	DATE:

TIM	DIM	SQ	DESCRIPTION	TIM	DIM	SQ	DESCRIPTION

PROJECT:	PAGE:
MEASURED BY:	DATE:

TIM	DIM	SQ	DESCRIPTION	TIM	DIM	SQ	DESCRIPTION

PROJECT:	PAGE:
MEASURED BY:	DATE:

TIM	DIM	SQ	DESCRIPTION	TIM	DIM	SQ	DESCRIPTION

PROJECT:	PAGE:
MEASURED BY:	DATE:

TIM	DIM	SQ	DESCRIPTION	TIM	DIM	SQ	DESCRIPTION

PROJECT:	PAGE:
MEASURED BY:	DATE:

TIM	DIM	SQ	DESCRIPTION	TIM	DIM	SQ	DESCRIPTION

PROJECT:	PAGE:
MEASURED BY:	DATE:

TIM	DIM	SQ	DESCRIPTION	TIM	DIM	SQ	DESCRIPTION

PROJECT:

PAGE:

MEASURED BY:

DATE:

TIM	DIM	SQ	DESCRIPTION	TIM	DIM	SQ	DESCRIPTION

PROJECT:	PAGE:
MEASURED BY:	DATE:

TIM	DIM	SQ	DESCRIPTION	TIM	DIM	SQ	DESCRIPTION

PROJECT:	PAGE:
MEASURED BY:	DATE:

TIM	DIM	SQ	DESCRIPTION	TIM	DIM	SQ	DESCRIPTION

PROJECT:	PAGE:
MEASURED BY:	DATE:

TIM	DIM	SQ	DESCRIPTION	TIM	DIM	SQ	DESCRIPTION

PROJECT:	PAGE:
MEASURED BY:	DATE:

TIM	DIM	SQ	DESCRIPTION	TIM	DIM	SQ	DESCRIPTION

PROJECT:

PAGE:

MEASURED BY:

DATE:

TIM	DIM	SQ	DESCRIPTION	TIM	DIM	SQ	DESCRIPTION

PROJECT:	PAGE:
MEASURED BY:	DATE:

TIM	DIM	SQ	DESCRIPTION	TIM	DIM	SQ	DESCRIPTION

PROJECT:	PAGE:
MEASURED BY:	DATE:

TIM	DIM	SQ	DESCRIPTION	TIM	DIM	SQ	DESCRIPTION

PROJECT:	PAGE:
MEASURED BY:	DATE:

TIM	DIM	SQ	DESCRIPTION	TIM	DIM	SQ	DESCRIPTION

PROJECT:

PAGE:

MEASURED BY:

DATE:

TIM	DIM	SQ	DESCRIPTION	TIM	DIM	SQ	DESCRIPTION

PROJECT:	PAGE:
MEASURED BY:	DATE:

TIM	DIM	SQ	DESCRIPTION	TIM	DIM	SQ	DESCRIPTION

PROJECT:	PAGE:
MEASURED BY:	DATE:

TIM	DIM	SQ	DESCRIPTION	TIM	DIM	SQ	DESCRIPTION

PROJECT:	PAGE:
MEASURED BY:	DATE:

TIM	DIM	SQ	DESCRIPTION	TIM	DIM	SQ	DESCRIPTION

PROJECT: | **PAGE:**

MEASURED BY: | **DATE:**

TIM	DIM	SQ	DESCRIPTION	TIM	DIM	SQ	DESCRIPTION

PROJECT:	PAGE:
MEASURED BY:	DATE:

TIM	DIM	SQ	DESCRIPTION	TIM	DIM	SQ	DESCRIPTION

PROJECT:	PAGE:
MEASURED BY:	**DATE:**

TIM	DIM	SQ	DESCRIPTION	TIM	DIM	SQ	DESCRIPTION

PROJECT:	PAGE:
MEASURED BY:	DATE:

TIM	DIM	SQ	DESCRIPTION	TIM	DIM	SQ	DESCRIPTION

PROJECT:	PAGE:
MEASURED BY:	DATE:

TIM	DIM	SQ	DESCRIPTION	TIM	DIM	SQ	DESCRIPTION

PROJECT:

PAGE:

MEASURED BY:

DATE:

TIM	DIM	SQ	DESCRIPTION	TIM	DIM	SQ	DESCRIPTION

PROJECT:	PAGE:
MEASURED BY:	DATE:

TIM	DIM	SQ	DESCRIPTION	TIM	DIM	SQ	DESCRIPTION

PROJECT:	PAGE:
MEASURED BY:	DATE:

TIM	DIM	SQ	DESCRIPTION	TIM	DIM	SQ	DESCRIPTION

PROJECT:	PAGE:
MEASURED BY:	DATE:

TIM	DIM	SQ	DESCRIPTION	TIM	DIM	SQ	DESCRIPTION

PROJECT:

PAGE:

MEASURED BY:

DATE:

TIM	DIM	SQ	DESCRIPTION	TIM	DIM	SQ	DESCRIPTION

PROJECT:	PAGE:
MEASURED BY:	DATE:

TIM	DIM	SQ	DESCRIPTION	TIM	DIM	SQ	DESCRIPTION

PROJECT: | **PAGE:**

MEASURED BY: | **DATE:**

TIM	DIM	SQ	DESCRIPTION	TIM	DIM	SQ	DESCRIPTION

PROJECT: | **PAGE:**

MEASURED BY: | **DATE:**

TIM	DIM	SQ	DESCRIPTION	TIM	DIM	SQ	DESCRIPTION

PROJECT:	PAGE:
MEASURED BY:	DATE:

TIM	DIM	SQ	DESCRIPTION	TIM	DIM	SQ	DESCRIPTION

PROJECT:	PAGE:
MEASURED BY:	DATE:

TIM	DIM	SQ	DESCRIPTION	TIM	DIM	SQ	DESCRIPTION

PROJECT: | **PAGE:**

MEASURED BY: | **DATE:**

TIM	DIM	SQ	DESCRIPTION	TIM	DIM	SQ	DESCRIPTION

PROJECT:	PAGE:
MEASURED BY:	DATE:

TIM	DIM	SQ	DESCRIPTION	TIM	DIM	SQ	DESCRIPTION

PROJECT:

PAGE:

MEASURED BY:

DATE:

TIM	DIM	SQ	DESCRIPTION	TIM	DIM	SQ	DESCRIPTION

PROJECT:	PAGE:
MEASURED BY:	DATE:

TIM	DIM	SQ	DESCRIPTION	TIM	DIM	SQ	DESCRIPTION

PROJECT:	PAGE:
MEASURED BY:	DATE:

TIM	DIM	SQ	DESCRIPTION	TIM	DIM	SQ	DESCRIPTION

PROJECT: | **PAGE:**

MEASURED BY: | **DATE:**

TIM	DIM	SQ	DESCRIPTION	TIM	DIM	SQ	DESCRIPTION

PROJECT:	PAGE:
MEASURED BY:	DATE:

TIM	DIM	SQ	DESCRIPTION	TIM	DIM	SQ	DESCRIPTION

PROJECT:

PAGE:

MEASURED BY:

DATE:

TIM	DIM	SQ	DESCRIPTION	TIM	DIM	SQ	DESCRIPTION

PROJECT:

PAGE:

MEASURED BY:

DATE:

TIM	DIM	SQ	DESCRIPTION	TIM	DIM	SQ	DESCRIPTION

PROJECT:	PAGE:
MEASURED BY:	DATE:

TIM	DIM	SQ	DESCRIPTION	TIM	DIM	SQ	DESCRIPTION

PROJECT:	PAGE:
MEASURED BY:	DATE:

TIM	DIM	SQ	DESCRIPTION	TIM	DIM	SQ	DESCRIPTION

PROJECT: | **PAGE:**

MEASURED BY: | **DATE:**

TIM	DIM	SQ	DESCRIPTION	TIM	DIM	SQ	DESCRIPTION

PROJECT:	PAGE:
MEASURED BY:	DATE:

TIM	DIM	SQ	DESCRIPTION	TIM	DIM	SQ	DESCRIPTION

PROJECT:	PAGE:
MEASURED BY:	DATE:

TIM	DIM	SQ	DESCRIPTION	TIM	DIM	SQ	DESCRIPTION

PROJECT:	PAGE:
MEASURED BY:	DATE:

TIM	DIM	SQ	DESCRIPTION	TIM	DIM	SQ	DESCRIPTION

PROJECT: PAGE:

MEASURED BY: DATE:

TIM	DIM	SQ	DESCRIPTION	TIM	DIM	SQ	DESCRIPTION

PROJECT:	PAGE:
MEASURED BY:	DATE:

TIM	DIM	SQ	DESCRIPTION	TIM	DIM	SQ	DESCRIPTION

PROJECT:	PAGE:
MEASURED BY:	DATE:

TIM	DIM	SQ	DESCRIPTION	TIM	DIM	SQ	DESCRIPTION

PROJECT:	PAGE:
MEASURED BY:	DATE:

TIM	DIM	SQ	DESCRIPTION	TIM	DIM	SQ	DESCRIPTION

PROJECT:	PAGE:
MEASURED BY:	**DATE:**

TIM	DIM	SQ	DESCRIPTION	TIM	DIM	SQ	DESCRIPTION

PROJECT:	PAGE:
MEASURED BY:	DATE:

TIM	DIM	SQ	DESCRIPTION	TIM	DIM	SQ	DESCRIPTION

PROJECT:	PAGE:
MEASURED BY:	DATE:

TIM	DIM	SQ	DESCRIPTION	TIM	DIM	SQ	DESCRIPTION

PROJECT:	PAGE:
MEASURED BY:	DATE:

TIM	DIM	SQ	DESCRIPTION	TIM	DIM	SQ	DESCRIPTION

PROJECT:

PAGE:

MEASURED BY:

DATE:

TIM	DIM	SQ	DESCRIPTION	TIM	DIM	SQ	DESCRIPTION

PROJECT:	PAGE:
MEASURED BY:	DATE:

TIM	DIM	SQ	DESCRIPTION	TIM	DIM	SQ	DESCRIPTION

PROJECT:	PAGE:
MEASURED BY:	DATE:

TIM	DIM	SQ	DESCRIPTION	TIM	DIM	SQ	DESCRIPTION

PROJECT:	PAGE:
MEASURED BY:	DATE:

TIM	DIM	SQ	DESCRIPTION	TIM	DIM	SQ	DESCRIPTION

PROJECT:	**PAGE:**
MEASURED BY:	**DATE:**

TIM	DIM	SQ	DESCRIPTION	TIM	DIM	SQ	DESCRIPTION

PROJECT:	PAGE:
MEASURED BY:	DATE:

TIM	DIM	SQ	DESCRIPTION	TIM	DIM	SQ	DESCRIPTION

PROJECT:	PAGE:
MEASURED BY:	DATE:

TIM	DIM	SQ	DESCRIPTION	TIM	DIM	SQ	DESCRIPTION

PROJECT:	PAGE:
MEASURED BY:	DATE:

TIM	DIM	SQ	DESCRIPTION	TIM	DIM	SQ	DESCRIPTION

PROJECT: | **PAGE:**

MEASURED BY: | **DATE:**

TIM	DIM	SQ	DESCRIPTION	TIM	DIM	SQ	DESCRIPTION

PROJECT:	PAGE:
MEASURED BY:	DATE:

TIM	DIM	SQ	DESCRIPTION	TIM	DIM	SQ	DESCRIPTION

PROJECT:	PAGE:
MEASURED BY:	DATE:

TIM	DIM	SQ	DESCRIPTION	TIM	DIM	SQ	DESCRIPTION

PROJECT: | **PAGE:**

MEASURED BY: | **DATE:**

TIM	DIM	SQ	DESCRIPTION	TIM	DIM	SQ	DESCRIPTION

PROJECT:	PAGE:
MEASURED BY:	DATE:

TIM	DIM	SQ	DESCRIPTION	TIM	DIM	SQ	DESCRIPTION

PROJECT:

PAGE:

MEASURED BY:

DATE:

TIM	DIM	SQ	DESCRIPTION	TIM	DIM	SQ	DESCRIPTION

PROJECT:	PAGE:
MEASURED BY:	DATE:

TIM	DIM	SQ	DESCRIPTION	TIM	DIM	SQ	DESCRIPTION

PROJECT:	PAGE:
MEASURED BY:	DATE:

TIM	DIM	SQ	DESCRIPTION	TIM	DIM	SQ	DESCRIPTION

PROJECT: | **PAGE:**

MEASURED BY: | **DATE:**

TIM	DIM	SQ	DESCRIPTION	TIM	DIM	SQ	DESCRIPTION

PROJECT:	PAGE:
MEASURED BY:	DATE:

TIM	DIM	SQ	DESCRIPTION	TIM	DIM	SQ	DESCRIPTION

PROJECT:	PAGE:
MEASURED BY:	DATE:

TIM	DIM	SQ	DESCRIPTION	TIM	DIM	SQ	DESCRIPTION

PROJECT:	PAGE:
MEASURED BY:	DATE:

TIM	DIM	SQ	DESCRIPTION	TIM	DIM	SQ	DESCRIPTION

PROJECT:	PAGE:
MEASURED BY:	DATE:

TIM	DIM	SQ	DESCRIPTION	TIM	DIM	SQ	DESCRIPTION

PROJECT: PAGE:

MEASURED BY: DATE:

TIM	DIM	SQ	DESCRIPTION	TIM	DIM	SQ	DESCRIPTION

PROJECT:	PAGE:
MEASURED BY:	DATE:

TIM	DIM	SQ	DESCRIPTION	TIM	DIM	SQ	DESCRIPTION

PROJECT:	PAGE:
MEASURED BY:	DATE:

TIM	DIM	SQ	DESCRIPTION	TIM	DIM	SQ	DESCRIPTION

PROJECT:	PAGE:
MEASURED BY:	DATE:

TIM	DIM	SQ	DESCRIPTION	TIM	DIM	SQ	DESCRIPTION

PROJECT:	PAGE:
MEASURED BY:	DATE:

TIM	DIM	SQ	DESCRIPTION	TIM	DIM	SQ	DESCRIPTION

PROJECT:	PAGE:
MEASURED BY:	DATE:

TIM	DIM	SQ	DESCRIPTION	TIM	DIM	SQ	DESCRIPTION

PROJECT:

PAGE:

MEASURED BY:

DATE:

TIM	DIM	SQ	DESCRIPTION	TIM	DIM	SQ	DESCRIPTION

PROJECT:	PAGE:
MEASURED BY:	DATE:

TIM	DIM	SQ	DESCRIPTION	TIM	DIM	SQ	DESCRIPTION

PROJECT:

PAGE:

MEASURED BY:

DATE:

TIM	DIM	SQ	DESCRIPTION	TIM	DIM	SQ	DESCRIPTION

PROJECT:	PAGE:
MEASURED BY:	DATE:

TIM	DIM	SQ	DESCRIPTION	TIM	DIM	SQ	DESCRIPTION

PROJECT:	PAGE:
MEASURED BY:	DATE:

TIM	DIM	SQ	DESCRIPTION	TIM	DIM	SQ	DESCRIPTION

PROJECT:	PAGE:
MEASURED BY:	DATE:

TIM	DIM	SQ	DESCRIPTION	TIM	DIM	SQ	DESCRIPTION

PROJECT:	PAGE:
MEASURED BY:	DATE:

TIM	DIM	SQ	DESCRIPTION	TIM	DIM	SQ	DESCRIPTION

PROJECT:	PAGE:
MEASURED BY:	DATE:

TIM	DIM	SQ	DESCRIPTION	TIM	DIM	SQ	DESCRIPTION

PROJECT:	PAGE:
MEASURED BY:	DATE:

TIM	DIM	SQ	DESCRIPTION	TIM	DIM	SQ	DESCRIPTION

PROJECT:	PAGE:
MEASURED BY:	DATE:

TIM	DIM	SQ	DESCRIPTION	TIM	DIM	SQ	DESCRIPTION

PROJECT: **PAGE:**

MEASURED BY: **DATE:**

TIM	DIM	SQ	DESCRIPTION	TIM	DIM	SQ	DESCRIPTION

PROJECT:	PAGE:
MEASURED BY:	DATE:

TIM	DIM	SQ	DESCRIPTION	TIM	DIM	SQ	DESCRIPTION

PROJECT:	PAGE:
MEASURED BY:	DATE:

TIM	DIM	SQ	DESCRIPTION	TIM	DIM	SQ	DESCRIPTION

PROJECT:	PAGE:
MEASURED BY:	DATE:

TIM	DIM	SQ	DESCRIPTION	TIM	DIM	SQ	DESCRIPTION

PROJECT:

PAGE:

MEASURED BY:

DATE:

TIM	DIM	SQ	DESCRIPTION	TIM	DIM	SQ	DESCRIPTION

PROJECT:

PAGE:

MEASURED BY:

DATE:

TIM	DIM	SQ	DESCRIPTION	TIM	DIM	SQ	DESCRIPTION

PROJECT:

PAGE:

MEASURED BY:

DATE:

TIM	DIM	SQ	DESCRIPTION	TIM	DIM	SQ	DESCRIPTION

PROJECT:	PAGE:
MEASURED BY:	DATE:

TIM	DIM	SQ	DESCRIPTION	TIM	DIM	SQ	DESCRIPTION

PROJECT:

PAGE:

MEASURED BY:

DATE:

TIM	DIM	SQ	DESCRIPTION	TIM	DIM	SQ	DESCRIPTION

PROJECT:	PAGE:
MEASURED BY:	DATE:

TIM	DIM	SQ	DESCRIPTION	TIM	DIM	SQ	DESCRIPTION

PROJECT: | **PAGE:**

MEASURED BY: | **DATE:**

TIM	DIM	SQ	DESCRIPTION	TIM	DIM	SQ	DESCRIPTION

PROJECT:	PAGE:
MEASURED BY:	DATE:

TIM	DIM	SQ	DESCRIPTION	TIM	DIM	SQ	DESCRIPTION

PROJECT:

PAGE:

MEASURED BY:

DATE:

TIM	DIM	SQ	DESCRIPTION	TIM	DIM	SQ	DESCRIPTION

PROJECT:	PAGE:
MEASURED BY:	DATE:

TIM	DIM	SQ	DESCRIPTION	TIM	DIM	SQ	DESCRIPTION

PROJECT:	PAGE:
MEASURED BY:	DATE:

TIM	DIM	SQ	DESCRIPTION	TIM	DIM	SQ	DESCRIPTION

PROJECT:	PAGE:
MEASURED BY:	DATE:

TIM	DIM	SQ	DESCRIPTION	TIM	DIM	SQ	DESCRIPTION

PROJECT: **PAGE:**

MEASURED BY: **DATE:**

TIM	DIM	SQ	DESCRIPTION	TIM	DIM	SQ	DESCRIPTION

PROJECT:	PAGE:
MEASURED BY:	DATE:

TIM	DIM	SQ	DESCRIPTION	TIM	DIM	SQ	DESCRIPTION

PROJECT: | **PAGE:**

MEASURED BY: | **DATE:**

TIM	DIM	SQ	DESCRIPTION	TIM	DIM	SQ	DESCRIPTION

PROJECT:	PAGE:
MEASURED BY:	DATE:

TIM	DIM	SQ	DESCRIPTION	TIM	DIM	SQ	DESCRIPTION

PROJECT:

PAGE:

MEASURED BY:

DATE:

TIM	DIM	SQ	DESCRIPTION	TIM	DIM	SQ	DESCRIPTION

PROJECT:	PAGE:
MEASURED BY:	**DATE:**

TIM	DIM	SQ	DESCRIPTION	TIM	DIM	SQ	DESCRIPTION

PROJECT:	PAGE:
MEASURED BY:	DATE:

TIM	DIM	SQ	DESCRIPTION	TIM	DIM	SQ	DESCRIPTION

PROJECT:	PAGE:
MEASURED BY:	DATE:

TIM	DIM	SQ	DESCRIPTION	TIM	DIM	SQ	DESCRIPTION

PROJECT: | **PAGE:**

MEASURED BY: | **DATE:**

TIM	DIM	SQ	DESCRIPTION	TIM	DIM	SQ	DESCRIPTION

PROJECT:	PAGE:
MEASURED BY:	DATE:

TIM	DIM	SQ	DESCRIPTION	TIM	DIM	SQ	DESCRIPTION

PROJECT:

PAGE:

MEASURED BY:

DATE:

TIM	DIM	SQ	DESCRIPTION	TIM	DIM	SQ	DESCRIPTION

PROJECT:	PAGE:
MEASURED BY:	DATE:

TIM	DIM	SQ	DESCRIPTION	TIM	DIM	SQ	DESCRIPTION

PROJECT:	PAGE:
MEASURED BY:	DATE:

TIM	DIM	SQ	DESCRIPTION	TIM	DIM	SQ	DESCRIPTION

PROJECT:	PAGE:
MEASURED BY:	DATE:

TIM	DIM	SQ	DESCRIPTION	TIM	DIM	SQ	DESCRIPTION

PROJECT:	**PAGE:**
MEASURED BY:	**DATE:**

TIM	DIM	SQ	DESCRIPTION	TIM	DIM	SQ	DESCRIPTION

PROJECT:	PAGE:
MEASURED BY:	DATE:

TIM	DIM	SQ	DESCRIPTION	TIM	DIM	SQ	DESCRIPTION

PROJECT:

PAGE:

MEASURED BY:

DATE:

TIM	DIM	SQ	DESCRIPTION	TIM	DIM	SQ	DESCRIPTION

PROJECT:	PAGE:
MEASURED BY:	DATE:

TIM	DIM	SQ	DESCRIPTION	TIM	DIM	SQ	DESCRIPTION

PROJECT:	**PAGE:**
MEASURED BY:	**DATE:**

TIM	DIM	SQ	DESCRIPTION	TIM	DIM	SQ	DESCRIPTION

PROJECT:	PAGE:
MEASURED BY:	DATE:

TIM	DIM	SQ	DESCRIPTION	TIM	DIM	SQ	DESCRIPTION

PROJECT:	PAGE:
MEASURED BY:	DATE:

TIM	DIM	SQ	DESCRIPTION	TIM	DIM	SQ	DESCRIPTION

PROJECT:	PAGE:
MEASURED BY:	DATE:

TIM	DIM	SQ	DESCRIPTION	TIM	DIM	SQ	DESCRIPTION

PROJECT: | **PAGE:**

MEASURED BY: | **DATE:**

TIM	DIM	SQ	DESCRIPTION	TIM	DIM	SQ	DESCRIPTION

PROJECT:

PAGE:

MEASURED BY:

DATE:

TIM	DIM	SQ	DESCRIPTION	TIM	DIM	SQ	DESCRIPTION

PROJECT:

PAGE:

MEASURED BY:

DATE:

TIM	DIM	SQ	DESCRIPTION	TIM	DIM	SQ	DESCRIPTION

PROJECT:

PAGE:

MEASURED BY:

DATE:

TIM	DIM	SQ	DESCRIPTION	TIM	DIM	SQ	DESCRIPTION

PROJECT:

PAGE:

MEASURED BY:

DATE:

TIM	DIM	SQ	DESCRIPTION	TIM	DIM	SQ	DESCRIPTION

PROJECT:	PAGE:
MEASURED BY:	DATE:

TIM	DIM	SQ	DESCRIPTION	TIM	DIM	SQ	DESCRIPTION

PROJECT:	PAGE:
MEASURED BY:	DATE:

TIM	DIM	SQ	DESCRIPTION	TIM	DIM	SQ	DESCRIPTION

PROJECT:	PAGE:
MEASURED BY:	DATE:

TIM	DIM	SQ	DESCRIPTION	TIM	DIM	SQ	DESCRIPTION

PROJECT:	PAGE:
MEASURED BY:	DATE:

TIM	DIM	SQ	DESCRIPTION	TIM	DIM	SQ	DESCRIPTION

PROJECT:	PAGE:
MEASURED BY:	DATE:

TIM	DIM	SQ	DESCRIPTION	TIM	DIM	SQ	DESCRIPTION

PROJECT:	PAGE:
MEASURED BY:	DATE:

TIM	DIM	SQ	DESCRIPTION	TIM	DIM	SQ	DESCRIPTION

PROJECT:	PAGE:
MEASURED BY:	DATE:

TIM	DIM	SQ	DESCRIPTION	TIM	DIM	SQ	DESCRIPTION

PROJECT:	PAGE:
MEASURED BY:	DATE:

TIM	DIM	SQ	DESCRIPTION	TIM	DIM	SQ	DESCRIPTION

PROJECT:	PAGE:
MEASURED BY:	DATE:

TIM	DIM	SQ	DESCRIPTION	TIM	DIM	SQ	DESCRIPTION

PROJECT:	**PAGE:**
MEASURED BY:	**DATE:**

TIM	DIM	SQ	DESCRIPTION	TIM	DIM	SQ	DESCRIPTION

PROJECT:	PAGE:
MEASURED BY:	DATE:

TIM	DIM	SQ	DESCRIPTION	TIM	DIM	SQ	DESCRIPTION

PROJECT:	PAGE:
MEASURED BY:	DATE:

TIM	DIM	SQ	DESCRIPTION	TIM	DIM	SQ	DESCRIPTION

PROJECT:

PAGE:

MEASURED BY:

DATE:

TIM	DIM	SQ	DESCRIPTION	TIM	DIM	SQ	DESCRIPTION

PROJECT:	PAGE:
MEASURED BY:	DATE:

TIM	DIM	SQ	DESCRIPTION	TIM	DIM	SQ	DESCRIPTION

PROJECT:

PAGE:

MEASURED BY:

DATE:

TIM	DIM	SQ	DESCRIPTION	TIM	DIM	SQ	DESCRIPTION

PROJECT:	PAGE:
MEASURED BY:	DATE:

TIM	DIM	SQ	DESCRIPTION	TIM	DIM	SQ	DESCRIPTION

PROJECT:

PAGE:

MEASURED BY:

DATE:

TIM	DIM	SQ	DESCRIPTION	TIM	DIM	SQ	DESCRIPTION

PROJECT:	PAGE:
MEASURED BY:	DATE:

TIM	DIM	SQ	DESCRIPTION	TIM	DIM	SQ	DESCRIPTION

PROJECT:

PAGE:

MEASURED BY:

DATE:

TIM	DIM	SQ	DESCRIPTION	TIM	DIM	SQ	DESCRIPTION

PROJECT:	PAGE:
MEASURED BY:	DATE:

TIM	DIM	SQ	DESCRIPTION	TIM	DIM	SQ	DESCRIPTION

PROJECT:	**PAGE:**
MEASURED BY:	**DATE:**

TIM	DIM	SQ	DESCRIPTION	TIM	DIM	SQ	DESCRIPTION

PROJECT:	PAGE:
MEASURED BY:	DATE:

TIM	DIM	SQ	DESCRIPTION	TIM	DIM	SQ	DESCRIPTION

PROJECT: **PAGE:**

MEASURED BY: **DATE:**

TIM	DIM	SQ	DESCRIPTION	TIM	DIM	SQ	DESCRIPTION

PROJECT:	PAGE:
MEASURED BY:	DATE:

TIM	DIM	SQ	DESCRIPTION	TIM	DIM	SQ	DESCRIPTION

PROJECT:	PAGE:
MEASURED BY:	DATE:

TIM	DIM	SQ	DESCRIPTION	TIM	DIM	SQ	DESCRIPTION

PROJECT:	PAGE:
MEASURED BY:	DATE:

TIM	DIM	SQ	DESCRIPTION	TIM	DIM	SQ	DESCRIPTION

PROJECT:	PAGE:
MEASURED BY:	DATE:

TIM	DIM	SQ	DESCRIPTION	TIM	DIM	SQ	DESCRIPTION

PROJECT:	PAGE:
MEASURED BY:	DATE:

TIM	DIM	SQ	DESCRIPTION	TIM	DIM	SQ	DESCRIPTION

PROJECT:	PAGE:
MEASURED BY:	DATE:

TIM	DIM	SQ	DESCRIPTION	TIM	DIM	SQ	DESCRIPTION

PROJECT:	PAGE:
MEASURED BY:	DATE:

TIM	DIM	SQ	DESCRIPTION	TIM	DIM	SQ	DESCRIPTION

PROJECT:	PAGE:
MEASURED BY:	DATE:

TIM	DIM	SQ	DESCRIPTION	TIM	DIM	SQ	DESCRIPTION

PROJECT:	PAGE:
MEASURED BY:	DATE:

TIM	DIM	SQ	DESCRIPTION	TIM	DIM	SQ	DESCRIPTION

PROJECT:	PAGE:
MEASURED BY:	DATE:

TIM	DIM	SQ	DESCRIPTION	TIM	DIM	SQ	DESCRIPTION

PROJECT: PAGE:

MEASURED BY: DATE:

TIM	DIM	SQ	DESCRIPTION	TIM	DIM	SQ	DESCRIPTION

PROJECT:	PAGE:
MEASURED BY:	DATE:

TIM	DIM	SQ	DESCRIPTION	TIM	DIM	SQ	DESCRIPTION

PROJECT:

PAGE:

MEASURED BY:

DATE:

TIM	DIM	SQ	DESCRIPTION	TIM	DIM	SQ	DESCRIPTION

PROJECT:	PAGE:
MEASURED BY:	DATE:

TIM	DIM	SQ	DESCRIPTION	TIM	DIM	SQ	DESCRIPTION

PROJECT:	PAGE:
MEASURED BY:	DATE:

TIM	DIM	SQ	DESCRIPTION	TIM	DIM	SQ	DESCRIPTION

PROJECT:	PAGE:
MEASURED BY:	DATE:

TIM	DIM	SQ	DESCRIPTION	TIM	DIM	SQ	DESCRIPTION

PROJECT:	PAGE:
MEASURED BY:	DATE:

TIM	DIM	SQ	DESCRIPTION	TIM	DIM	SQ	DESCRIPTION

PROJECT:	PAGE:
MEASURED BY:	DATE:

TIM	DIM	SQ	DESCRIPTION	TIM	DIM	SQ	DESCRIPTION

PROJECT:	PAGE:
MEASURED BY:	DATE:

TIM	DIM	SQ	DESCRIPTION	TIM	DIM	SQ	DESCRIPTION

PROJECT:	PAGE:
MEASURED BY:	DATE:

TIM	DIM	SQ	DESCRIPTION	TIM	DIM	SQ	DESCRIPTION

PROJECT:

PAGE:

MEASURED BY:

DATE:

TIM	DIM	SQ	DESCRIPTION	TIM	DIM	SQ	DESCRIPTION

PROJECT:	PAGE:
MEASURED BY:	DATE:

TIM	DIM	SQ	DESCRIPTION	TIM	DIM	SQ	DESCRIPTION

PROJECT:	PAGE:
MEASURED BY:	DATE:

TIM	DIM	SQ	DESCRIPTION	TIM	DIM	SQ	DESCRIPTION

PROJECT: | **PAGE:**

MEASURED BY: | **DATE:**

TIM	DIM	SQ	DESCRIPTION	TIM	DIM	SQ	DESCRIPTION

PROJECT:	PAGE:
MEASURED BY:	DATE:

TIM	DIM	SQ	DESCRIPTION	TIM	DIM	SQ	DESCRIPTION

PROJECT:	PAGE:
MEASURED BY:	DATE:

TIM	DIM	SQ	DESCRIPTION	TIM	DIM	SQ	DESCRIPTION

PROJECT: **PAGE:**

MEASURED BY: **DATE:**

TIM	DIM	SQ	DESCRIPTION	TIM	DIM	SQ	DESCRIPTION

PROJECT:	**PAGE:**
MEASURED BY:	**DATE:**

TIM	DIM	SQ	DESCRIPTION	TIM	DIM	SQ	DESCRIPTION

PROJECT:	PAGE:
MEASURED BY:	DATE:

TIM	DIM	SQ	DESCRIPTION	TIM	DIM	SQ	DESCRIPTION

PROJECT:	PAGE:
MEASURED BY:	DATE:

TIM	DIM	SQ	DESCRIPTION	TIM	DIM	SQ	DESCRIPTION

PROJECT:	PAGE:
MEASURED BY:	DATE:

TIM	DIM	SQ	DESCRIPTION	TIM	DIM	SQ	DESCRIPTION

PROJECT:

PAGE:

MEASURED BY:

DATE:

TIM	DIM	SQ	DESCRIPTION	TIM	DIM	SQ	DESCRIPTION

PROJECT:	PAGE:
MEASURED BY:	DATE:

TIM	DIM	SQ	DESCRIPTION	TIM	DIM	SQ	DESCRIPTION

PROJECT:

PAGE:

MEASURED BY:

DATE:

TIM	DIM	SQ	DESCRIPTION	TIM	DIM	SQ	DESCRIPTION

PROJECT:	PAGE:
MEASURED BY:	DATE:

TIM	DIM	SQ	DESCRIPTION	TIM	DIM	SQ	DESCRIPTION

PROJECT:	PAGE:
MEASURED BY:	DATE:

TIM	DIM	SQ	DESCRIPTION	TIM	DIM	SQ	DESCRIPTION

PROJECT:

PAGE:

MEASURED BY:

DATE:

TIM	DIM	SQ	DESCRIPTION	TIM	DIM	SQ	DESCRIPTION

PROJECT:	PAGE:
MEASURED BY:	DATE:

TIM	DIM	SQ	DESCRIPTION	TIM	DIM	SQ	DESCRIPTION

PROJECT:	PAGE:
MEASURED BY:	DATE:

TIM	DIM	SQ	DESCRIPTION	TIM	DIM	SQ	DESCRIPTION

PROJECT:	PAGE:
MEASURED BY:	DATE:

TIM	DIM	SQ	DESCRIPTION	TIM	DIM	SQ	DESCRIPTION

PROJECT:	PAGE:
MEASURED BY:	DATE:

TIM	DIM	SQ	DESCRIPTION	TIM	DIM	SQ	DESCRIPTION

PROJECT:	PAGE:
MEASURED BY:	DATE:

TIM	DIM	SQ	DESCRIPTION	TIM	DIM	SQ	DESCRIPTION

PROJECT:	PAGE:
MEASURED BY:	DATE:

TIM	DIM	SQ	DESCRIPTION	TIM	DIM	SQ	DESCRIPTION

PROJECT:	PAGE:
MEASURED BY:	DATE:

TIM	DIM	SQ	DESCRIPTION	TIM	DIM	SQ	DESCRIPTION

PROJECT:	PAGE:
MEASURED BY:	DATE:

TIM	DIM	SQ	DESCRIPTION	TIM	DIM	SQ	DESCRIPTION

PROJECT:	PAGE:
MEASURED BY:	DATE:

TIM	DIM	SQ	DESCRIPTION	TIM	DIM	SQ	DESCRIPTION

PROJECT:

PAGE:

MEASURED BY:

DATE:

TIM	DIM	SQ	DESCRIPTION	TIM	DIM	SQ	DESCRIPTION

PROJECT:	PAGE:
MEASURED BY:	DATE:

TIM	DIM	SQ	DESCRIPTION	TIM	DIM	SQ	DESCRIPTION

PROJECT:

PAGE:

MEASURED BY:

DATE:

TIM	DIM	SQ	DESCRIPTION	TIM	DIM	SQ	DESCRIPTION

PROJECT:	PAGE:
MEASURED BY:	DATE:

TIM	DIM	SQ	DESCRIPTION	TIM	DIM	SQ	DESCRIPTION

PROJECT:	PAGE:
MEASURED BY:	DATE:

TIM	DIM	SQ	DESCRIPTION	TIM	DIM	SQ	DESCRIPTION

PROJECT:	PAGE:
MEASURED BY:	DATE:

TIM	DIM	SQ	DESCRIPTION	TIM	DIM	SQ	DESCRIPTION

PROJECT:

PAGE:

MEASURED BY:

DATE:

TIM	DIM	SQ	DESCRIPTION	TIM	DIM	SQ	DESCRIPTION

PROJECT:	PAGE:
MEASURED BY:	DATE:

TIM	DIM	SQ	DESCRIPTION	TIM	DIM	SQ	DESCRIPTION

PROJECT:	PAGE:
MEASURED BY:	DATE:

TIM	DIM	SQ	DESCRIPTION	TIM	DIM	SQ	DESCRIPTION

PROJECT:

PAGE:

MEASURED BY:

DATE:

TIM	DIM	SQ	DESCRIPTION	TIM	DIM	SQ	DESCRIPTION

PROJECT:	PAGE:
MEASURED BY:	DATE:

TIM	DIM	SQ	DESCRIPTION	TIM	DIM	SQ	DESCRIPTION

PROJECT:

PAGE:

MEASURED BY:

DATE:

TIM	DIM	SQ	DESCRIPTION	TIM	DIM	SQ	DESCRIPTION

PROJECT:	PAGE:
MEASURED BY:	DATE:

TIM	DIM	SQ	DESCRIPTION	TIM	DIM	SQ	DESCRIPTION

PROJECT:	PAGE:
MEASURED BY:	DATE:

TIM	DIM	SQ	DESCRIPTION	TIM	DIM	SQ	DESCRIPTION

PROJECT: | PAGE:

MEASURED BY: | DATE:

TIM	DIM	SQ	DESCRIPTION	TIM	DIM	SQ	DESCRIPTION

PROJECT:	PAGE:
MEASURED BY:	DATE:

TIM	DIM	SQ	DESCRIPTION	TIM	DIM	SQ	DESCRIPTION

PROJECT:

PAGE:

MEASURED BY:

DATE:

TIM	DIM	SQ	DESCRIPTION	TIM	DIM	SQ	DESCRIPTION

PROJECT:	PAGE:
MEASURED BY:	DATE:

TIM	DIM	SQ	DESCRIPTION	TIM	DIM	SQ	DESCRIPTION

PROJECT:

PAGE:

MEASURED BY:

DATE:

TIM	DIM	SQ	DESCRIPTION	TIM	DIM	SQ	DESCRIPTION

PROJECT:	PAGE:
MEASURED BY:	DATE:

TIM	DIM	SQ	DESCRIPTION	TIM	DIM	SQ	DESCRIPTION

Made in the USA
Middletown, DE
22 February 2023

25390529R00223